英国数学真简单团队/编著　华云鹏 董雪/译

DK儿童数学分级阅读 第六辑

整数运算

数学真简单！

电子工业出版社·

Publishing House of Electronics Industry

北京·BEIJING

Original Title: Maths—No Problem! Whole Number Operations, Ages 10−11 (Key Stage 2)
Copyright © Maths—No Problem!, 2022
A Penguin Random House Company

版权贸易合同登记号　图字：01-2024-1978

图书在版编目（CIP）数据

DK儿童数学分级阅读. 第六辑. 整数运算 / 英国数学真简单团队编著；华云鹏，董雪译. −−北京：电子工业出版社，2024.5
ISBN 978−7−121−47660−0

Ⅰ. ①D… Ⅱ. ①英… ②华… ③董… Ⅲ. ①数学−儿童读物 Ⅳ. ①O1−49

中国国家版本馆CIP数据核字（2024）第070468号

出版社感谢以下作者和顾问：Andy Psarianos, Judy Hornigold, Adam Gifford和Anne Hermanson博士。
已获Colophon Foundry的许可使用Castledown字体。

责任编辑：苏　琪
印　　刷：鸿博昊天科技有限公司
装　　订：鸿博昊天科技有限公司
出版发行：电子工业出版社
　　　　　北京市海淀区万寿路173信箱　　邮编：100036
开　　本：889×1194　1/16　印张：18　字数：303千字
版　　次：2024年5月第1版
印　　次：2024年11月第2次印刷
定　　价：128.00元（全6册）

凡所购买电子工业出版社图书有缺损问题，请向购买书店调换。若书店售缺，请与本社发行部联系，联系及邮购电话：（010）88254888，88258888。
质量投诉请发邮件至zlts@phei.com.cn，盗版侵权举报请发邮件至dbqq@phei.com.cn。
本书咨询联系方式：（010）88254161转1868，suq@phei.com.cn。

www.dk.com

目 录

鲁比　　艾略特　　阿米拉　　查尔斯　　露露　　萨姆　　奥克　　霍莉　　拉维　　艾玛　　雅各布　　汉娜

运算律（一）

准 备

鲁比和萨姆都在计算这个算式。

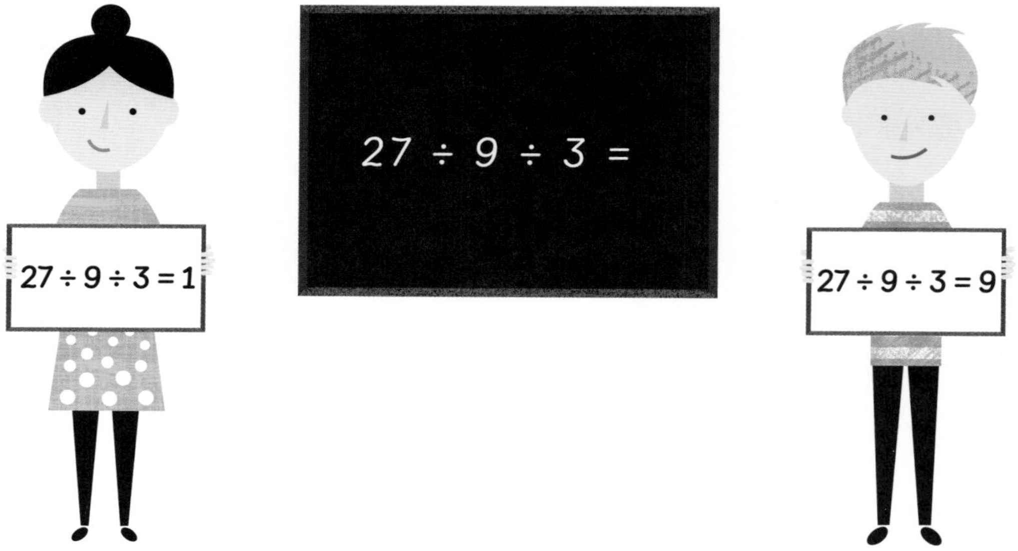

$$27 \div 9 \div 3 =$$

$$27 \div 9 \div 3 = 1$$

$$27 \div 9 \div 3 = 9$$

谁的结果正确？

举 例

鲁比先算$27 \div 9$。

萨姆先算$9 \div 3$。

$27 \div 9 \div 3 = 3 \div 3$
$= 1$

$27 \div 9 \div 3 = 27 \div 3$
$= 9$

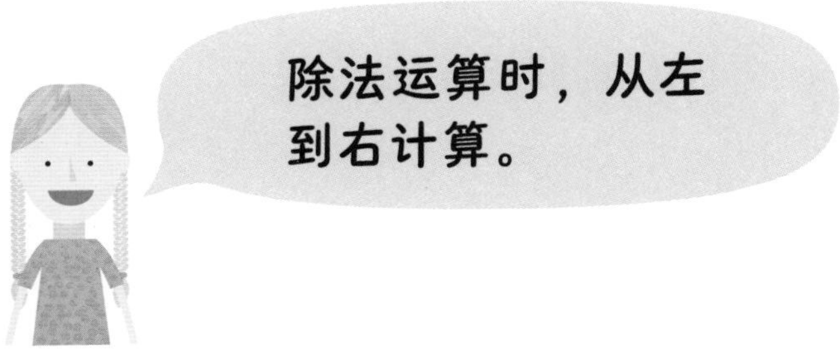

除法运算时，从左
到右计算。

必须先算27÷9。

$27 \div 9 \div 3 = 1$

鲁比的结果是正确的。

试一试下面的
加法运算。

$4 + 6 + 3 = 10 + 3$
$= 13$

$4 + 6 + 3 = 4 + 9$
$= 13$

$4 + 6 + 3 = 7 + 6$
$= 13$

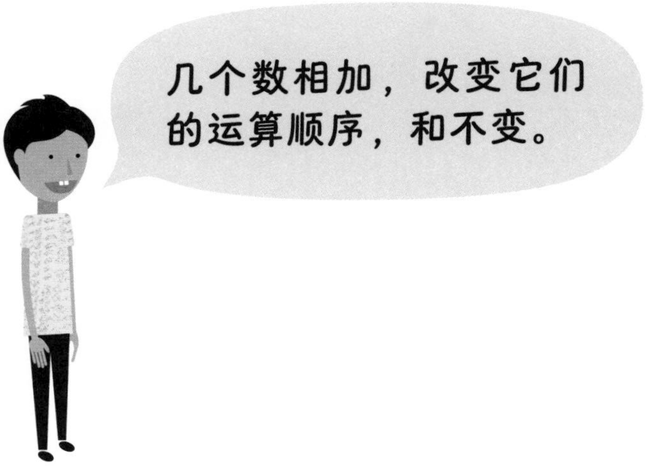

几个数相加，改变它们
的运算顺序，和不变。

试一试下面的乘法运算。

$2 \times 3 \times 4 = 6 \times 4$
$= 24$

$2 \times 3 \times 4 = 2 \times 12$
$= 24$

$2 \times 3 \times 4 = 8 \times 3$
$= 24$

几个数相乘，改变它们的运算顺序，积不变。

试一试下面的减法运算。

$20 - 8 - 2 = 12 - 2$
$= 10$

$20 - 8 - 2 = 20 - 6$
$= 14$

20 - 8 - 2的例子中，要先算20 - 8。

几个数相减，改变运算顺序，差也不变。减法运算必须从左到右计算。

1 加一加。

(1) 12 + 6 + 8 = ☐

(2) 45 + 11 + 20 = ☐

2 乘一乘。

(1) 4 × 5 × 3 = ☐

(2) 2 × 9 × 5 = ☐

3 减一减。

(1) 43 − 7 − 5 = ☐

(2) 62 − 12 − 9 = ☐

(3) 105 − 25 − 19 = ☐

(4) 234 − 121 − 5 = ☐

4 除一除。

(1) 12 ÷ 3 ÷ 2 = ☐

(2) 36 ÷ 12 ÷ 3 = ☐

(3) 80 ÷ 20 ÷ 4 = ☐

(4) 160 ÷ 8 ÷ 10 = ☐

运算律（二）

准 备

霍莉正在算数学作业中的这道算式。

应该先算什么？

$32 \div (6 + 2) =$

举 例

$32 \div (6 + 2)$

这叫作算式。

计算算式要按照一定的顺序。

要遵循以下运算顺序。

1.有括号时，先算括号里面的，再算括号外面的。

2.没有括号时，先做指数运算。

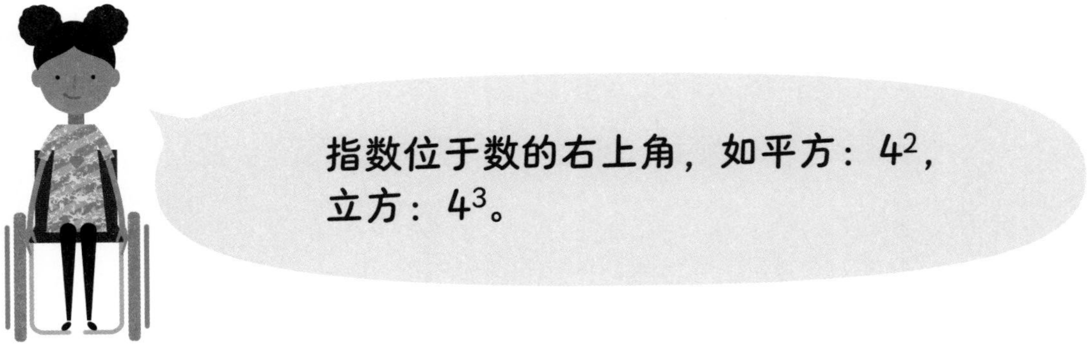

指数位于数的右上角，如平方：4^2，
立方：4^3。

3.只有加、减运算时，按照书写顺序从左到右计算。

4.只有乘、除运算时，按照书写顺序从左到右计算。

$32 ÷ (6 + 2) = $

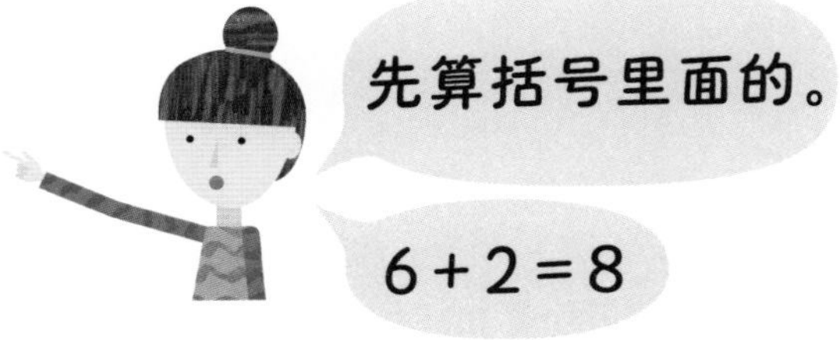

先算括号里面的。

$6 + 2 = 8$

$32 ÷ (6 + 2) = 32 ÷ 8$

$32 ÷ (6 + 2) = 32 ÷ 8$
$\qquad = 4$

再算除法。

$32 ÷ 8 = 4$

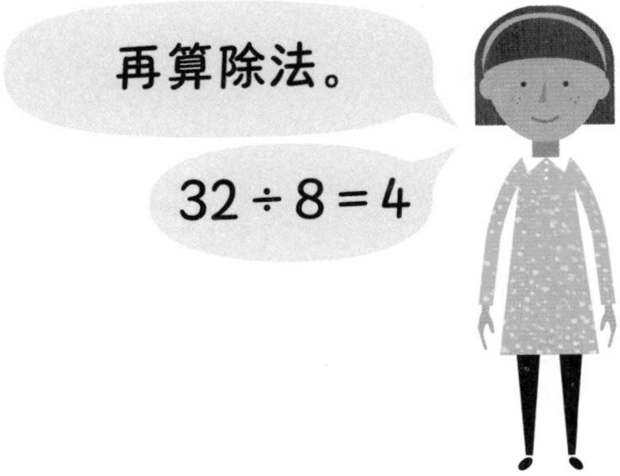

$32 ÷ (6 + 2) = 4$

帮霍莉算一算这道算式的结果。

$(46 + 14) \div 6 + 4 = ?$

先算括号里面的。

$(46 + 14) \div 6 + 4 = 60 \div 6 + 4$

先算除法，再算加法。

$$(46 + 14) \div 6 + 4 = 60 \div 6 + 4$$
$$= 10 + 4$$
$$= 14$$

练 习

1 算一算。

(1) $(23+13)-4=$ ☐

(2) $12+(45+8)-7=$ ☐

(3) $(4\times5)+(3\times2)=$ ☐

(4) $(58+14)\div9-6=$ ☐

2 添一添括号，使算式的结果是45。

(1) $9 \times 4 + 1 = 45$

(2) $67 - 11 \times 2 = 45$

(3) $4 \times 5 + 5 \times 5 = 45$

(4) $75 \div 5 \times 3 = 45$

3 添一添括号，使算式的结果不同。

(1) $14 + 5 \times 3 + 3 \times 2 =$ ☐

(2) $14 + 5 \times 3 + 3 \times 2 =$ ☐

(3) $14 + 5 \times 3 + 3 \times 2 =$ ☐

两位数乘法（一）

准备

萨姆的妈妈烤1个面包需要使用231克面粉。

萨姆的妈妈烤20个面包一共需要多少克面粉？

举例

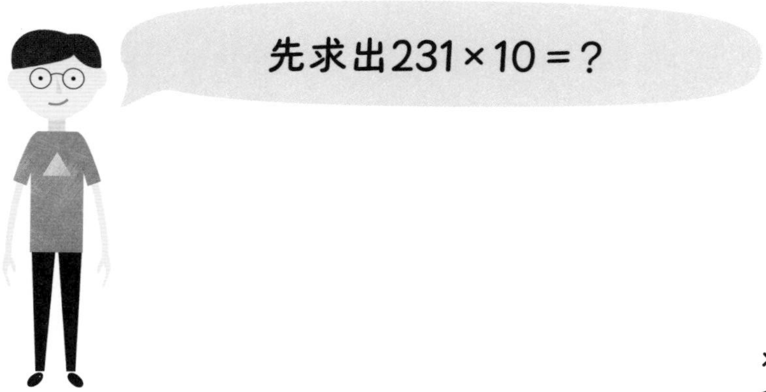

先求出231×10 = ？

×10

百万	十万	万	千	百	十	个
				2	3	1
			2	3	1	0

231×1个十 = 231 个十
= 2310

计算231×20。

$231 × 2 \text{ 个十} = 462 \text{ 个十}$
$= 4620$

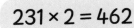

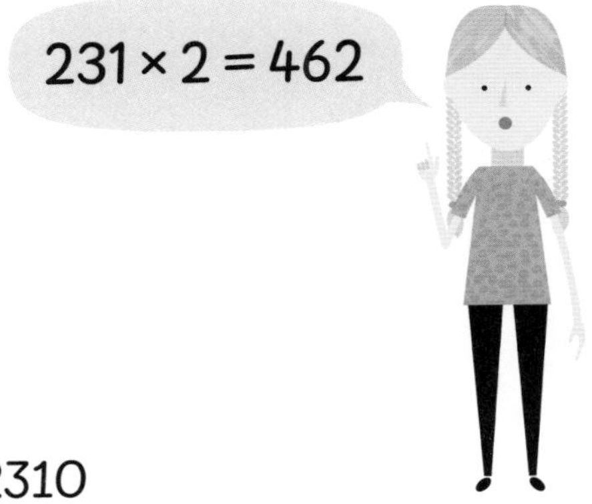

$231 × 2 = 462$

已知231×10 = 2310，结果再加倍。

$231 × 10 = 2310$
$231 × 20 = 4620$

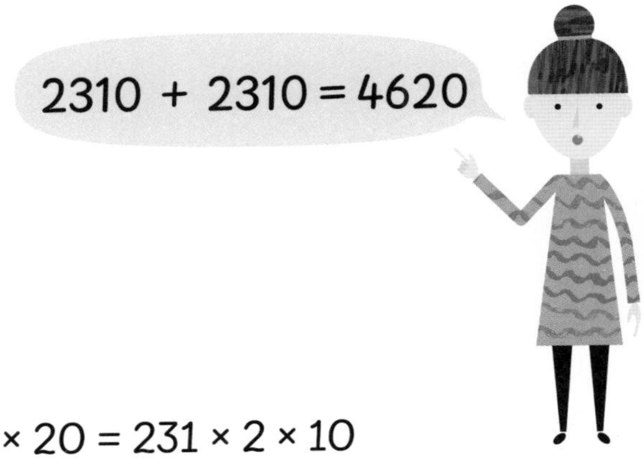

$2310 + 2310 = 4620$

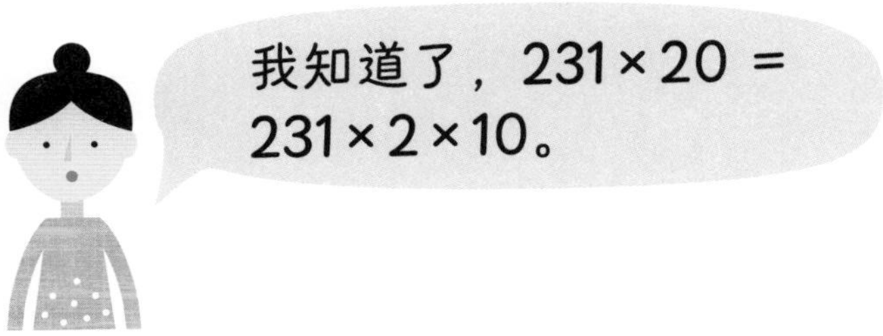

我知道了，231×20 = 231×2×10。

$231 × 20 = 231 × 2 × 10$
$= 462 × 10$
$= 4620$

萨姆的妈妈烤20个面包一共需要4620克面粉。

3231×20 怎么算?

$3231 \times 20 = 3231 \times 2 \times 10$
$= 6462 \times 10$
$= 64620$

$3231 \times 10 = 32310$
$3231 \times 20 = 64620$

32310×2=64620

练 习

乘一乘。

1 (1) $442 \times 10 =$ ☐

(2) $122 \times 10 =$ ☐

(3) $845 \times 10 =$ ☐

(4) $609 \times 10 =$ ☐

2

(1) 331 × 10 = ☐

    331 × 20 = ☐

(2) 412 × 10 = ☐

    412 × 20 = ☐

(3) 312 × 10 = ☐

    312 × 20 = ☐

(4) 324 × 10 = ☐

    324 × 20 = ☐

3

(1) 412 × 20 = 412 × 2 × 10

    = ☐

(2) 323 × 30 = 323 × ☐ × ☐

    = ☐

4 工厂把10个红色的卷笔刀和10个蓝色的卷笔刀装在一个袋子里，把756个袋子装在一个大箱子里。
大箱子一共装了多少个卷笔刀？

☐

大箱子一共装了 ☐ 个卷笔刀。

两位数乘法（二）

准 备

阿丽亚老师将绣花线剪成每段是212厘米的长度，分给同学们。

如果班里22位同学都分别分到一条线，阿丽亚老师一共需要多长的绣花线？

举 例

22 = 20 + 2

先算212乘以2是多少。

212 × 2 = 424

16

再算212乘20是多少。

212 × 2 个十 = 424个十

424 个十 = 4240

212 × 20 = 4240

212 × 2 = 424

212 × 22 = 4664

阿丽亚老师一共需要4664厘米的绣花线。

我们可以用竖式计算乘法。

先乘个位上的数。

		2	1	2
×			2	2
		4	2	4
+				

再乘十位
上的数。

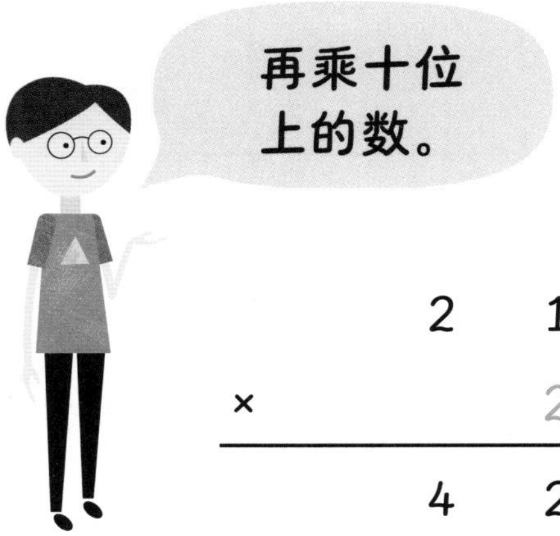

		2	1	2
×			2	2
		4	2	4
+	4	2	4	0
	4	6	6	4

练 习

1 乘一乘。

(1) $221 \times 10 =$ ☐

$221 \times 20 =$ ☐

(2) $113 \times 10 =$ ☐

$113 \times 30 =$ ☐

2 算一算。

(1) $332 \times 10 =$ ☐

$332 \times 3 =$ ☐

$332 \times 13 =$ ☐

(2) $211 \times 2 =$ ☐

$211 \times 20 =$ ☐

$211 \times 22 =$ ☐

3 用竖式计算乘法。

(1)

		2	3	3
×			1	2
		☐	☐	☐
+	☐	☐	☐	☐
	☐	☐	☐	☐

(2)

		1	2	2
×			3	1
		☐	☐	☐
+	☐	☐	☐	☐
	☐	☐	☐	☐

4 悬崖过山车在八月出现日接待最大游客量。
如果悬崖过山车的日接待最大游客量是213人次，八月一共有多少人坐过
山车？

$$
\begin{array}{r}
2\ \ 1\ \ 3 \\
\times\ \ \ \ \ 3\ \ 1 \\
\hline
\Box\ \Box\ \Box \\
+\ \Box\ \Box\ \Box\ \Box \\
\hline
\Box\ \Box\ \Box\ \Box \\
\end{array}
$$

八月一共有 ⬜ 人坐悬崖过山车。

5 办公室在营业期间每天为31名员工提供午餐。
办公室某一年营业了332天，一年给员工提供了多少份午餐？

一年给员工提供了 ⬜ 份午餐。

两位数乘法（三）

准 备

超市周末售出了635袋面包卷。

每袋装有2打面包卷。

超市周末一共售出了多少个面包卷？

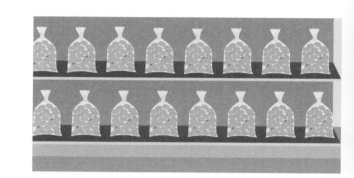

举 例

635乘24

2打 = 24

24 = 20 + 4

635 × 2个十 = 1270个十

$$\begin{array}{r} {}^1\!6\ {}^2\!3\ 5 \\ \times\qquad 4 \\ \hline 2\ 5\ 4\ 0 \end{array}$$

$$\begin{array}{r} 6\ {}^1\!3\ 5 \\ \times\qquad 2\ 0 \\ \hline 1\ 2\ 7\ 0\ 0 \end{array}$$

$$
\begin{array}{cccccc}
 & & & 6 & 3 & 5 \\
\times & & & & 2 & 4 \\
\hline
 & & 2 & 5 & 4 & 0 \\
+ & 1 & 2 & 7 & 0 & 0 \\
\hline
 & 1 & 5 & 2 & 4 & 0 \\
\end{array}
$$

→ $635 \times 4 = 2540$

→ $635 \times 20 = 12700$

用竖式计算635×24。

$24 = 20 + 4$

先乘个位上的数。

$$
\begin{array}{cccccc}
 & & ^16 & ^23 & 5 \\
\times & & & 2 & 4 \\
\hline
 & & 2 & 5 & 4 & 0 \\
+ & & & & \\
\hline
 & & & & \\
\end{array}
$$

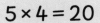

$5 \times 4 = 20$

$30 \times 4 = 120$
$120 + 20 = 140$

$600 \times 4 = 2400$
$2400 + 100 = 2500$

再乘十位上的数。

$$
\begin{array}{cccccc}
 & & ^16 & ^{^1_2}3 & 5 \\
\times & & & 2 & 4 \\
\hline
 & & 2 & 5 & 4 & 0 \\
+ & 1 & 2 & 7 & 0 & 0 \\
\hline
 & 1 & 5 & 2 & 4 & 0 \\
\end{array}
$$

$635 \times 2 = 1270$

$635 \times 24 = 15240$

超市周末一共售出了15240个面包卷。

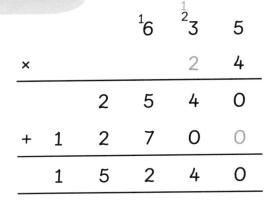

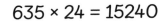

1 用竖式计算乘法。

(1)

```
        4  3  6
  ×        1  2
   ┌──┬──┬──┐
   │  │  │  │
   └──┴──┴──┘
+ ┌──┬──┬──┬──┐
  │  │  │  │  │
  └──┴──┴──┴──┘
  ┌──┬──┬──┬──┐
  │  │  │  │  │
  └──┴──┴──┴──┘
```

```
           5  7  4
  ×           2  3
   ┌──┬──┬──┬──┐
   │  │  │  │  │
   └──┴──┴──┴──┘
+ ┌──┬──┬──┬──┬──┐
  │  │  │  │  │  │
  └──┴──┴──┴──┴──┘
  ┌──┬──┬──┬──┬──┐
  │  │  │  │  │  │
  └──┴──┴──┴──┴──┘
```

2 一只北大西洋露脊鲸的体重是一只灰海豹的84倍。

一只灰海豹的体重是268千克，那么一只北大西洋露脊鲸重多少千克？

268千克   ？千克

```
┌─────────────────────────────────────────┐
│                                           │
│                                           │
│                                           │
│                                           │
│                                           │
└─────────────────────────────────────────┘
```

一只北大西洋露脊鲸的体重是 ☐ 千克。

3 一个盒子装有36个鸡蛋。
酒店每6个月用掉243盒鸡蛋。
酒店6个月用了多少个鸡蛋？

酒店6个月用了 ⬜ 个鸡蛋。

4 面包师做一个蛋糕需要用345克面粉。
一周做87个蛋糕需要使用多少克面粉？

面包师一周需要使用 ⬜ 克面粉。

两位数除法（一）

准 备

厨师分13次做了390个咖喱角。

厨师每次做的咖喱角一样多，一次做多少个咖喱角？

举 例

390 = 39个十

39是13的倍数。

39 ÷ 3 = 13
39个十 ÷ 13 = 3个十
390 ÷ 13 = 30

我们可以把39分成3个13。

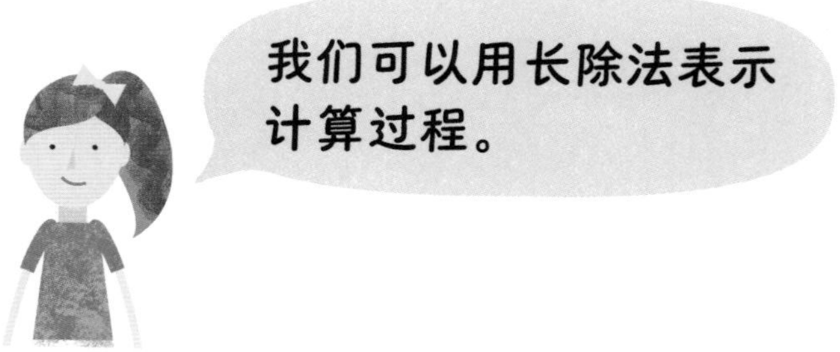

我们可以用长除法表示计算过程。

$$
\begin{array}{r}
3\ \ 0 \\
13\overline{)\ 3\ 9\ 0} \\
-\ 3\ 9\ 0 \\
\hline
0
\end{array}
$$

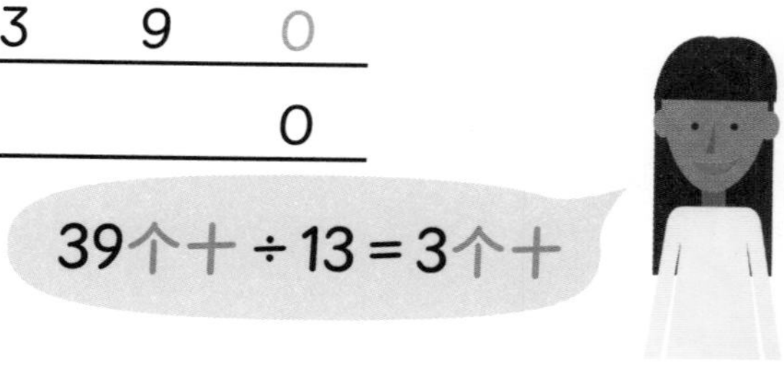

390 ÷ 13 = 30

厨师每次做30个咖喱角。

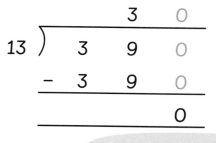

39个十 ÷ 13 = 3个十

练 习

1 除一除

(1) 24 ÷ 12 = ☐

240 ÷ 12 = ☐

2400 ÷ 12 = ☐

(2) 26 ÷ 13 = ☐

260 ÷ 13 = ☐

2600 ÷ 13 = ☐

(3) 480 ÷ 12 = ☐

4800 ÷ 12 = ☐

(4) 450 ÷ 15 = ☐

4500 ÷ 15 = ☐

2

(1)

```
        ☐ ☐
    ________
14 ) 2  8  0
   - ☐  ☐  ☐
   __________
           ☐
   __________
```

(2)

```
        ☐ ☐
    ________
12 ) 6  0  0
   - ☐  ☐  ☐
   __________
           ☐
   __________
```

3 养鸡场收集了720个鸡蛋。
他们把12个鸡蛋装成一盒。
养鸡场能装多少盒鸡蛋？

养鸡场能装 ☐ 盒鸡蛋。

两位数除法（二）

准 备

游乐场的过山车一次能载26人。

某天有3224人坐过山车，过山车一共运转了多少次？

举 例

先找一找26的倍数。

```
            3224
        ╱    │    ╲
    2600    520    104
     │÷26   │÷26   │÷26
     ↓      ↓      ↓
    100     20      4
```

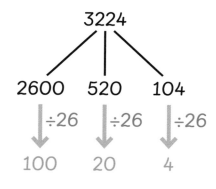

各倍数除以26。

$3224 ÷ 26 = 124$

过山车一天内一共运转了124次。

我们可以用长除法表示计算过程。

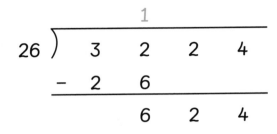

```
          1
26 ) 3  2  2  4
   - 2  6
     ─────
        6  2  4
```

我们可以从3200中取100个26。

```
          1     2
26 ) 3  2  2  4
   - 2  6
     ─────
        6  2  4
     -     5  2
```

我们可以从620中取20个26。

```
          1     2     4
26 ) 3  2  2  4
   - 2  6
     ─────
        6  2  4
     -     5  2
        ─────
           1  0  4
        -  1  0  4
           ─────
                 0
```

我们可以从104中取4个26。

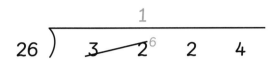

我们可以用短除法
表示计算过程。

$$\begin{array}{rl} & \phantom{\cancel{3}\;}1\phantom{^{6}\;2\;4} \\ 26 & \overline{)\;\cancel{3}\;2^{6}\;2\;4} \end{array}$$

取100个26，余624。

↓

$$\begin{array}{rl} & \phantom{\cancel{3}\;}1\phantom{^{61}}\;2\phantom{^{0}\;4} \\ 26 & \overline{)\;\cancel{3}\;2^{\cancel{6}1}\;\cancel{2}^{0}\;4} \end{array}$$

取20个26，余104。

↓

$$\begin{array}{rl} & \phantom{\cancel{3}\;}1\phantom{^{61}}\;2\phantom{^{0}}\;4 \\ 26 & \overline{)\;\cancel{3}\;2^{\cancel{6}1}\;\cancel{2}^{0}\;4} \end{array}$$

取4个26，余0。

3 224除以26，商是124。

$3224 \div 26 = 124$

练 习

1 除一除

$2852 \div 23 =$ ☐

$2300 \div 23 =$ ☐

$460 \div 23 =$ ☐

$92 \div 23 =$ ☐

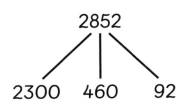

2 用长除法算一算。

(1)

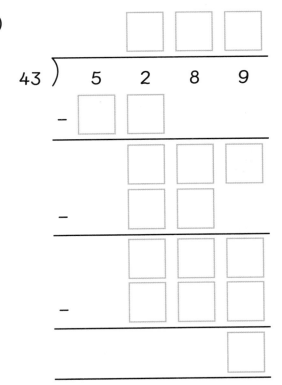

```
        ☐  ☐  ☐
36 )  4  0  6  8
   - ☐ ☐
     ————————
      ☐  ☐  ☐
      ☐  ☐
     ————————
         ☐  ☐  ☐
         ☐  ☐  ☐
        ————————
               ☐
```

(2)

```
        ☐  ☐  ☐
43 )  5  2  8  9
   - ☐ ☐
     ————————
      ☐  ☐  ☐
      ☐  ☐
     ————————
         ☐  ☐  ☐
         ☐  ☐  ☐
        ————————
               ☐
```

3 用短除法算一算。

(1)

```
        ☐  ☐  ☐
27 )  3  5  6  4
```

(2)

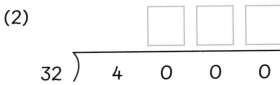

```
        ☐  ☐  ☐
32 )  4  0  0  0
```

两位数除法（三）

准 备

农场的储水箱能装3728升水。

农场主把水箱里全部的水平均分装在32个水桶中。

    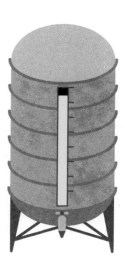

每个水桶能装多少升水？

举 例

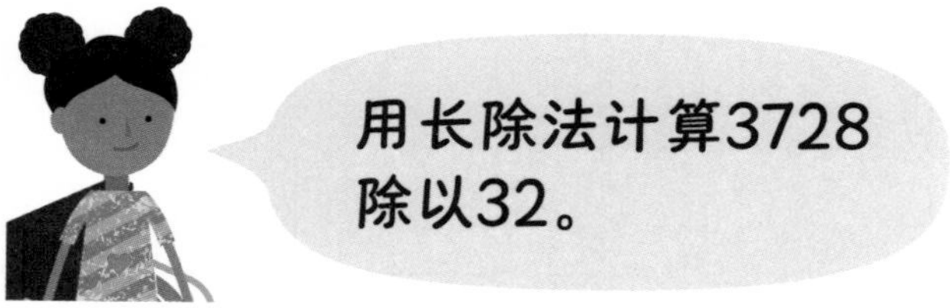

用长除法计算3728除以32。

```
          1
32 )  3  7  2  8
   -  3  2
```

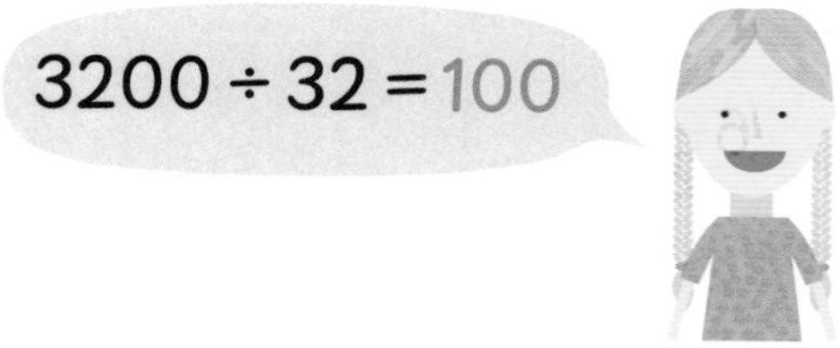

$3200 \div 32 = 100$

```
          1  1
32 )  3  7  2  8
   -  3  2
         5  2  8
      -     3  2
```

$320 \div 32 = 10$

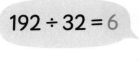

$192 \div 32 = 6$

```
        1   1   6
32 )  3   7   2   8
   -  3   2
          5   2   8
      -   3   2
          2   0   8
      -   1   9   2
              1   6
```

$3728 \div 32 = 116 余16。$

余数有不同的表示方法。

我们可以说余数是16。

也可以用分数或小数表示余数。

$3728 \div 32 = 116\frac{16}{32}$

$= 116\frac{1}{2}$

我们可以把$\frac{16}{32}$约分。

$3728 \div 32 = 116.5$

用哪种方式表示余数，取决于问题的类型。

每个水桶能装116.5升水。

1 用竖式计算有余数的除法，结果用小数表示。

(1) 533 ÷ 26 = ☐

(2) 7245 ÷ 36 = ☐

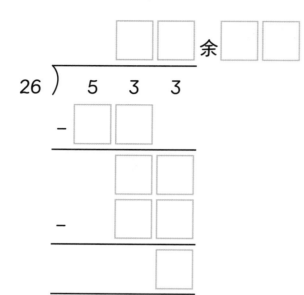

(3) 7242 ÷ 24 = ☐

(4) 9324 ÷ 45 = ☐

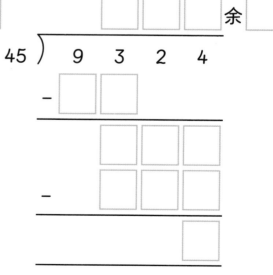

2 水果店制作48份冰沙需要使用8424毫升菠萝汁。
每份冰沙使用的菠萝汁一样多，一份冰沙需要使用多少毫升菠萝汁？

水果店制作一份冰沙需要使用 ⬚ 毫升菠萝汁。

3 将3432米的铁丝平均剪成96段来制作栅栏。
每段铁丝长多少米？

每段铁丝长 ⬚ 米。

4 工厂生产了1236毫升香水。
一瓶香水能装48毫升。
工厂最多能装多少瓶香水？
还剩多少毫升香水？

工厂最多能装 ⬚ 瓶香水。

还剩 ⬚ 毫升香水。

公倍数

准 备

18个小朋友要平均分成几队，每队至少3人。

可以分成几个队伍？

举 例

小朋友们能分成3队吗？
找一找3的倍数。

3, 6, 9, 12, 15, 18

找一找6的倍数。

6, 12, 18

找一找9的倍数。

9, 18

18同时是3，6和9的倍数。

我们把18叫作3，6和9的公倍数。

18个小朋友可以分成3，6或9个队伍。

要分成每队3，6或9人，至少需要18个小朋友。

我们把18叫作3，6和9的最小公倍数。

练 习

1 找一找下面各数和3的公倍数。

(1) 2, 4 ⬚ , ⬚ , ⬚

(2) 5, 6 ⬚ , ⬚ , ⬚

2 找一找下面各数和3的公倍数。

(1) 2, 3, 4 ⬚ , ⬚ , ⬚

(2) 4, 5, 10 ⬚ , ⬚ , ⬚

3 找一找10和12的最小公倍数。 ⬚

公因数

准备

我认为14和21有2个公因数。

14　21

艾玛说得对吗?

举例

先找一找分别有哪些因数。

14的因数:1,2,7和14。

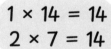
$1 × 14 = 14$
$2 × 7 = 14$

21的因数:1,3,7和21。

$1 × 21 = 21$
$3 × 7 = 21$

1是任何整数的因数。

7是14和21的公因数。

14和21的公因数是1和7。

艾玛说得对。

找一找8，12和20的公因数。

我们已经知道1是8，12和20的公因数。

2是所有偶数的公因数。

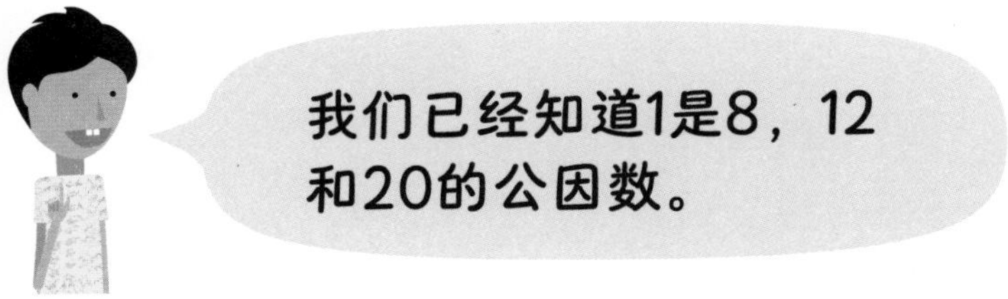

8的因数：1, 2, 4 和 8
12的因数：1, 2, 3, 4, 6 和 12
20的因数：1, 2, 4, 5, 10 和 20

8，12和20的公因数是1，2和4。

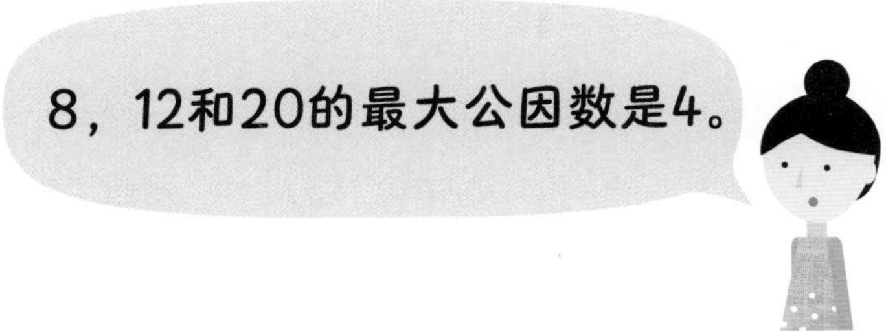

8，12和20的最大公因数是4。

练 习

1 (1) 找一找6的因数： □ , □ , □ , □

找一找15的因数： □ , □ , □ , □

6和15的公因数是 □ 和 □ .

(2) 找一找27的因数： □ , □ , □ , □

找一找24的因数： □ , □ , □ , □ ,

□ , □ , □ , □

27和24的公因数是 □ 和 □ .

2 找一找18，27和36的公因数。 □ , □ , □

3 找一找24，36和52的最大公因数。 □

质数

准 备

质数只有1和它本身两个因数。

桌子上哪些数是质数？

举 例

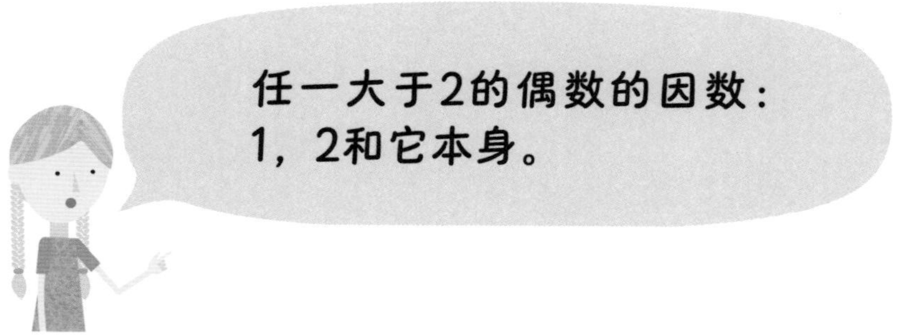

任一大于2的偶数的因数：1，2和它本身。

22和40不是质数。

两个数都有2个以上的因数。

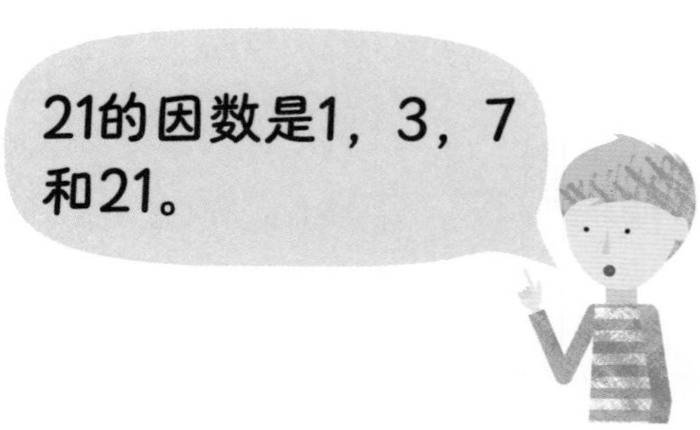

21的因数是1，3，7和21。

21有4个因数，所以不是质数。

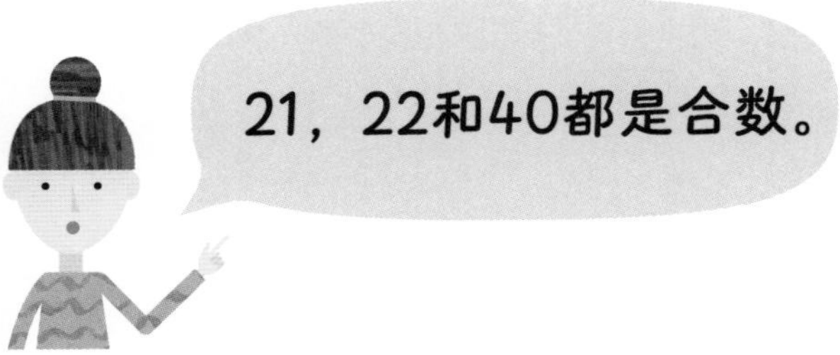

21，22和40都是合数。

合数是有2个以上因数的整数。

17的因数是1和17。
23的因数是1和23。
37的因数是1和37。

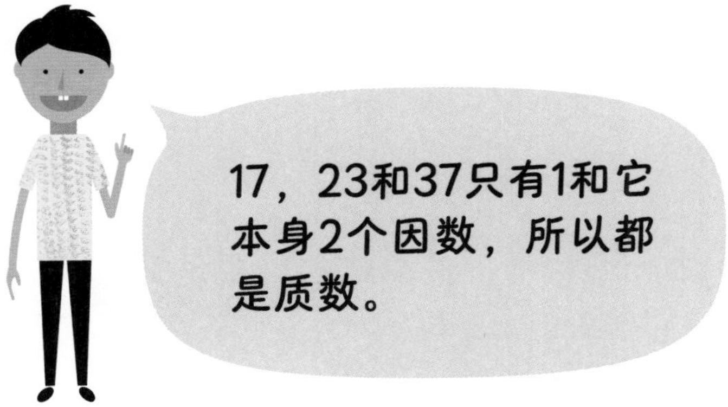

17，23和37只有1和它本身2个因数，所以都是质数。

练 习

1 看一看下面各数，并填一填。

10   31   29   27   19   38   186   113

合数有 _____ 。

质数有 _____ 。

2 写一写50～70之间的质数。

3 写一写80～100之间的质数。

回顾与挑战

1 算一算。

(1) $4 \times 5 + 3 =$ ☐

(2) $10 + 27 \div 3 =$ ☐

(3) $(18 + 7) \div 5 + 2 =$ ☐

(4) $(3 + 7) + (4 \times 5) =$ ☐

2 添一添括号，使算式的结果是32。

(1) $12 + 4 \times 5 = 32$

(2) $8 \times 16 \div 4 = 32$

(3) $27 + 40 - 15 + 20 = 32$

(4) $3 + 5 \times 5 - 1 = 32$

3 乘一乘。

(1) $124 \times 10 =$ ☐

$124 \times 20 =$ ☐

(2) $213 \times 10 =$ ☐

$213 \times 20 =$ ☐

(3) $153 \times 10 =$ ☐

$153 \times 20 =$ ☐

(4) $321 \times 10 =$ ☐

$321 \times 30 =$ ☐

4 用竖式计算乘法。

(1)
```
        2   1   2
    ×       4   1
    ───────────────
      □   □   □
    □   □   □   □
    ───────────────
    □   □   □   □
    ───────────────
```

(2)
```
        3   2   1
    ×       3   2
    ───────────────
      □   □   □
    □   □   □   □
    ───────────────
    □   □   □   □
    ───────────────
```

(3)
```
      4   3   4
    ×     5   5
    ───────────────
      □   □   □   □
    □   □   □   □   □
    ───────────────
    □   □   □   □   □
    ───────────────
```

(4)
```
      6   3   8
    ×     4   7
    ───────────────
      □   □   □   □
    □   □   □   □   □
    ───────────────
    □   □   □   □   □
    ───────────────
```

5 除一除。

(1) 48 ÷ 12 = □

480 ÷ 12 = □

(2) 39 ÷ 13 = □

390 ÷ 13 = □

(3) 960 ÷ 16 = □

96 ÷ 16 = □

(4) 840 ÷ 14 = □

84 ÷ 14 = □

6 用竖式计算除法。

(1)

```
        ┌─┬─┬─┐
        │ │ │ │
     ┌──┴─┴─┴─┘
  34 │ 5  8  8  2
   - │☐ ☐
     └─────
      ☐ ☐ ☐
   -  ☐ ☐ ☐
     └───────
         ☐ ☐ ☐
      -  ☐ ☐ ☐
        └──────
              ☐
```

(2)

```
        ┌─┬─┬─┐    ┌─┬─┐
        │ │ │ │ 余 │ │ │
     ┌──┴─┴─┴─┘    └─┴─┘
  48 │ 7  5  5  0
   - │☐ ☐
     └─────
      ☐ ☐ ☐
   -  ☐ ☐ ☐
     └───────
         ☐ ☐ ☐
      -  ☐ ☐ ☐
        └──────
              ☐
```

7 找一找3，4和6的3个公倍数。

☐ ， ☐ ， ☐

8 找一找8和12的最小公倍数。 ☐

9 找一找21和35的公因数。 ☐ ， ☐

10 找一找14，49和56的最大公因数。 ☐

11 写一写30～50之间的质数。

☐

12 艾略特的妈妈在做贝果面包圈。每个面包圈需要70克中筋面粉和65克面包粉。

如果要做40个面包圈，她一共需要多少克面粉？

艾略特的妈妈一共需要 ☐ 克面粉。

13 小朋友们下午参加活动，要平均分成几个小组。每组24人或32人。
最少有多少个小朋友参加下午的活动？

最少有 ☐ 个小朋友参加下午的活动。

14 18世纪俄国数学家克里斯蒂安・哥德巴赫提出著名猜想：任一大于2的偶数都可写成两个质数之和。
找一找合适的质数。

(1) 4 = 2 + 2

(2) 16 = ☐ + ☐

(3) 10 = ☐ + ☐

(4) 18 = ☐ + ☐

(5) 50 = ☐ + ☐

(6) 98 = ☐ + ☐

1不是质数。

15 火车每天在伦敦与伯明翰之间往返7次。一次可乘坐367名乘客。上个星期一，火车每次航程均满座。
上个星期一，一共有多少人乘坐火车？

上个星期一，一共有 ☐ 名乘客乘坐火车。

16 工厂每小时生产147本笔记本，每天工作12小时。
14本笔记本包装成一袋，一天能生产多少袋笔记本？

工厂一天能生产 ⬚ 袋笔记本。

17 新开业的蛋糕店做了一些蛋糕给超市送货。
蛋糕店在星期二做的蛋糕数量是星期一的两倍。
蛋糕店在星期三做的蛋糕数量与星期一和星期二的总数一样。

(1) 蛋糕店星期二做了94个蛋糕，三天一共做了多少个蛋糕？

蛋糕店三天一共做了 ⬚ 个蛋糕。

(2) 每个蛋糕用了28个巧克力装饰品，蛋糕店三天一共用了多少个巧克力装饰品？

蛋糕店三天一共用了 ⬚ 个巧克力装饰品。

参考答案

第 7 页　1 **(1)** 12 + 6 + 8 = 26 **(2)** 45 + 11 + 20 = 76　2 **(1)** 4 × 5 × 3 = 60 **(2)** 2 × 9 × 5 = 90　3 **(1)** 43 −7 − 5 = 31
　　　　(2) 62 − 12 − 9 = 41 **(3)** 105 − 25 − 19 = 61 **(4)** 234 − 121 − 5 = 108　4 **(1)** 12 ÷ 3 ÷ 2 = 2 **(2)** 36 ÷ 12 ÷ 3 = 1
　　　　(3) 80 ÷ 20 ÷ 4 = 1 **(4)** 160 ÷ 8 ÷ 10 = 2

第 11 页　1 **(1)** (23 + 13) − 4 = 32 **(2)** 12 + (45 + 8) − 7 = 58 **(3)** (4 × 5) + (3 × 2) = 26 **(4)** (58 + 14) ÷ 9 − 6 = 2
　　　　2 **(1)** 9 × (4 + 1) = 45 **(2)** 67 − (11 × 2) = 45 **(3)** (4 × 5) + (5 × 5) = 45 **(4)** (75 ÷ 5) × 3 = 45　3 **(1–3)** 答案不唯一。
　　　　举例：(14 + 5) × 3 + (3 × 2) = 63, (14 + 5) × (3 + 3) × 2 = 228, 14 + (5 × 3) + (3 × 2) = 35

第 14 页　1 **(1)** 442 × 10 = 4420 **(2)** 122 × 10 = 1220 **(3)** 845 × 10 = 8450 **(4)** 609 × 10 = 6090

第 15 页　2 **(1)** 331 × 10 = 3310, 331 × 20 = 6620 **(2)** 412 × 10 = 4120, 412 × 20 = 8240 **(3)** 312 × 10 = 3120,
　　　　312 × 20 = 6240 **(4)** 324 × 10 = 3240, 324 × 20 = 6480　3 **(1)** 412 × 20 = 412 × 2 × 10 = 8240
　　　　(2) 323 × 30 = 323 × 3 × 10 = 9690　4 756 × 2 × 10 = 15 120 大箱子一共装了15 120个卷笔刀。

第 18 页　1 **(1)** 221 × 10 = 2210, 221 × 20 = 4420 **(2)** 113 × 10 = 1130, 113 × 30 = 3390
　　　　2 **(1)** 332 × 10 = 3320, 332 × 3 = 996, 332 × 13 = 4316 **(2)** 211 × 2 = 422, 211 × 20 = 4220, 211 × 22 = 4642

3 **(1)**
```
      2  3  3
   ×     1  2
      4  6  6
 + 2  3  3  0
   2  7  9  6
```
(2)
```
      1  2  2
   ×     3  1
      1  2  2
 + 3  6  6  0
   3  7  8  2
```

第 19 页　4
```
      2  1  3
   ×     3  1
      2  1  3
 + 6 ¹3  9  0
   6  6  0  3
```
八月一共有6603人坐悬崖过山车。

5
```
      3  3  2
   ×     3  1
      3  3  2
 + ¹9  9  6  0
 1  0  2  9  2
```
一年给员工提供了10 292份午餐。

第 22 页　1 **(1)**
```
      4 ¹3  6
   ×     1  2
     ¹8  7  2
 + ¹4  3  6  0
   5  2  3  2
```
(2)
```
    ¹⁄²5 ¹7  4
   ×     2  3
   ¹1 ¹7  2  2
 + 1  1  4  8  0
   1  3  2  0  2
```
2
```
      ⁵⁄²2 ⁶⁄³6  8
   ×        8  4
   1 ¹0  7  2
 + 2  1  4  4  0
   2  2  5  1  2
```
一只北大西洋露脊鲸的体重是22512千克。

第 23 页　3
```
    ²2 ¹4  3
   ×     3  6
   1 ¹4  5  8
 + 7  2  9  0
   8  7  4  8
```
酒店6个月用了8748个鸡蛋。

4
```
    ³⁄³3 ⁴⁄³4  5
   ×        8  7
   ¹2  4  1  5
 + ¹2  7  6  0  0
   3  0  0  1  5
```
面包师一周需要使用30 015克面粉。

第 25 页 　1 (1) 24 ÷ 12 = 2, 240 ÷ 12 = 20, 2400 ÷ 12 = 200　(2) 26 ÷ 13 = 2, 260 ÷ 13 = 20, 2600 ÷ 13 = 200
(3) 480 ÷ 12 = 40, 4800 ÷ 12 = 400　(4) 450 ÷ 15 = 30, 4500 ÷ 15 = 300

2 (1)
```
        2 0
14) 2 8 0
  - 2 8 0
        0
```
(2)
```
        5 0 3
12) 6 0 0
  - 6 0 0
        0
```
```
        6 0
12) 7 2 0
  - 7 2 0
        0
```
养鸡场能装60盒鸡蛋。

第 29 页 　1 2852 ÷ 23 = 124, 2300 ÷ 23 = 100, 460 ÷ 23 = 20, 92 ÷ 23 = 4

2 (1)
```
        1 1 3
36) 4 0 6 8
  - 3 6
      4 6 8
    - 3 6
      1 0 8
    - 1 0 8
          0
```
(2)
```
        1 2 3
43) 5 2 8 9
  - 4 3
      9 8 9
    - 8 6
      1 2 9
    - 1 2 9
          0
```
3 (1)
```
        1 3 2
27) 3 5 ⁸6 ⁵4
```
(2)
```
        1 2 5
32) 4 0 ⁸0 ¹⁶0
```

第 32 页 　1 (1) 533 ÷ 26 = 20.5
```
        2 0 余 13
26) 5 3 3
  - 5 2
      1 3
```
(2) 7245 ÷ 36 = 201.25
```
        2 0 1 余 9
36) 7 2 4 5
  - 7 2
        4 5
      - 3 6
            9
```
(3) 7242 ÷ 24 = 301.75
```
        3 0 1 余 18
24) 7 2 4 2
  - 7 2
        4 2
      - 2 4
          1 8
```
(4) 9324 ÷ 45 = 207.2
```
        2 0 7 余 9
45) 9 3 2 4
  - 9 0
        3 2 4
      - 3 1 5
              9
```

第 33 页 　2
```
        1 7 5 余 24
48) 8 4 2 4
  - 4 8
      3 6 2 4
    - 3 3 6 0
        2 6 4
      - 2 4 0
          2 4
```
水果店制作一份冰沙需要使用175.5或175 1/2 毫升菠萝汁。

3
```
        3 5 余 72
96) 3 4 3 2
  - 2 8 8
        5 5 2
      - 4 8 0
          7 2
```
每段铁丝长35.75或35 3/4 米。

4
```
        2 5 余 36
48) 1 2 3 6
  -   9 6
        2 7 6
      - 2 4 0
          3 6
```
工厂最多能装25瓶香水。
还剩36毫升香水。

第 35 页 　1 答案不唯一。举例：(1) 8, 12, 16 (2) 30, 60, 90　2 答案不唯一。举例：(1) 12, 24, 36 (2) 20, 40, 60　3 60

第 37 页 　1 (1) 1, 2, 3, 6; 1, 3, 5, 15。6和15的公因数是1和3。 (2) 1, 3, 9, 27; 1, 2, 3, 4, 6, 8, 12, 24。
27和24的公因数是1和3。 3. 2 1, 3, 9 3 4

第 39 页 　1 合数是10, 27, 38和186。质数是31, 29, 19和113。 2 53, 59, 61, 67。 3 83, 89, 97。

第 40 页　1 **(1)** $4 \times 5 + 3 = 23$ **(2)** $10 + 27 \div 3 = 19$ **(3)** $(18 + 7) \div 5 + 2 = 7$ **(4)** $(3 + 7) + (4 \times 5) = 30$ 2 **(1)** $12 + (4 \times 5) = 32$
(2) $8 \times (16 \div 4) = 32$ **(3)** $27 + 40 - (15 + 20) = 32$ **(4)** $(3 + 5) \times (5 - 1) = 32$ 3 **(1)** $124 \times 10 = 1240, 124 \times 20 = 2480$
(2) $213 \times 10 = 2130, 213 \times 20 = 4260$ **(3)** $153 \times 10 = 1530, 153 \times 20 = 3060$ **(4)** $321 \times 10 = 3210, 321 \times 30 = 9630$

第 41 页　4 **(1)**

$$
\begin{array}{r}
2\ 1\ 2 \\
\times\quad\ \ 4\ 1 \\
\hline
2\ 1\ 2 \\
+\ 8\ 4\ 8\ 0 \\
\hline
8\ 6\ 9\ 2
\end{array}
$$

(2)

$$
\begin{array}{r}
3\ 2\ 1 \\
\times\quad\ \ 3\ 2 \\
\hline
6\ 4\ 2 \\
+\ {}^{1}9\ 6\ 3\ 0 \\
\hline
1\ 0\ 2\ 7\ 2
\end{array}
$$

(3)

$$
\begin{array}{r}
{}^{1}4\ {}^{2}3\ 4 \\
\times\quad\ \ 5\ 5 \\
\hline
2\ 1\ 7\ 0 \\
+\ 2\ 1\ 7\ 0\ 0 \\
\hline
2\ 3\ 8\ 7\ 0
\end{array}
$$

(4)

$$
\begin{array}{r}
{}^{1}6\ {}^{3}3\ 8 \\
\times\quad\ \ 4\ 7 \\
\hline
4\ 4\ 6\ 6 \\
+\ 2\ 5\ 5\ 2\ 0 \\
\hline
2\ 9\ 9\ 8\ 6
\end{array}
$$

5 **(1)** $48 \div 12 = 4, 480 \div 12 = 40$ **(2)** $39 \div 13 = 3, 390 \div 13 = 30$ **(3)** $960 \div 16 = 60, 96 \div 16 = 6$
(4) $840 \div 14 = 60, 84 \div 14 = 6$

第 42 页　6 **(1)**

$$
\begin{array}{r}
1\ 7\ 3 \\
34\,\overline{)\,5\ 8\ 8\ 2} \\
-\ 3\ 4 \\
\hline
2\ 4\ 8 \\
-\ 2\ 3\ 8 \\
\hline
1\ 0\ 2 \\
-\ \ \ 1\ 0\ 2 \\
\hline
0
\end{array}
$$

(2)

$$
\begin{array}{r}
1\ 5\ 7\quad 余\ 14 \\
48\,\overline{)\,7\ 5\ 5\ 0} \\
-\ 4\ 8 \\
\hline
2\ 7\ 5 \\
-\ 2\ 4\ 0 \\
\hline
3\ 5\ 0 \\
-\ \ \ 3\ 3\ 6 \\
\hline
1\ 4
\end{array}
$$

7 答案不唯一。举例：12, 24, 36
8 24　9 1, 7　10 7　11 31, 37, 41, 43, 47

第 43 页　12

$$
\begin{array}{r}
{}^{1}1\ {}^{2}3\ 5 \\
\times\quad\ \ 4\ 0 \\
\hline
5\ 4\ 4\ 0
\end{array}
$$

艾略特的妈妈一共需要5400克面粉。

13 24, 48, 72, 96; 32, 64, 96. 最少有96个小朋友参加下午的活动。

第 44 页　14 **(2)** $16 = 11 + 5$ 或 $16 = 3 + 13$ **(3)** $10 = 5 + 5$ 或 $10 = 3 + 7$ **(4)** $18 = 11 + 7$ 或 $18 = 5 + 13$
(5) $50 = 13 + 37, 50 = 43 + 7, 50 = 47 + 3$ 或 $50 = 31 + 19$ **(6)** $98 = 67 + 31, 98 = 19 + 79$ 或 $98 = 37 + 61$

15

$$
\begin{array}{r}
{}^{2}3\ {}^{2}6\ 7 \\
\times\quad\ \ 1\ 4 \\
\hline
{}^{1}1\ {}^{1}4\ 6\ 8 \\
+\ 3\ 6\ 7\ 0 \\
\hline
5\ 1\ 3\ 8
\end{array}
$$

上个星期一，一共有5138名乘客乘坐火车。

第 45 页　16

$$
\begin{array}{r}
1\ {}^{1}4\ 7 \\
\times\quad\ \ 1\ 2 \\
\hline
{}^{1}2\ 9\ 4 \\
+\ 1\ 4\ 7\ 0 \\
\hline
1\ 7\ 6\ 4
\end{array}
$$

$$
\begin{array}{r}
1\ 2\ 6 \\
14\,\overline{)\,1\ 7\ 6\ 4} \\
-\ 1\ 4 \\
\hline
3\ 6 \\
-\ 2\ 8 \\
\hline
8\ 4 \\
-\ \ \ 8\ 4 \\
\hline
0
\end{array}
$$

工厂一天能生产126袋笔记本。

17 **(1)** 星期一 $= 94 \div 2 = 47$; 星期二 $= 94$; 星期三 $= 47 + 94 = 141$; $47 + 94 + 141 = 282$. 蛋糕店三天一共做了282个蛋糕。

(2)

$$
\begin{array}{r}
{}^{1}6\ 2\ {}^{1}8\ 2 \\
\times\quad\ \ 2\ 8 \\
\hline
2\ 2\ 5\ 6 \\
+\ 5\ 6\ 4\ 0 \\
\hline
7\ 8\ 9\ 6
\end{array}
$$

蛋糕店三天一共用了7896个巧克力装饰品。